煮題

COOK

Jacky Yu．Ricky Cheung 書

U0100116

萬里機構

張錦祥 Ricky Cheung

自序一

入行四十多年，雖然累積食譜無數，但從來沒有出書的念頭。

多次有出版社洽商，但我都拒絕了；哈哈！有時間倒不如多飲兩杯！

今次之所以「答應」出書，都是多得 Jacky 這位仁兄。在拍攝完《煮題 COOK》節目後某日，他說要做點善事，把節目內食譜出版，收益作慈善用途，難得有機會做點善事，我當然義不容辭！

希望大家多多支持，福有攸歸，飲勝！

Ricky

余健志 Jacky Yu
自序二

與 Ricky 相交相知多年，去年終於有機會，同 Ricky 正式第一次合作，拍攝煮食節目《煮題 COOK》，鏡頭前後煮得（玩得）很開懷，大家非常感恩能製作一個滿意的節目。

不少朋友觀看《煮題 COOK》後，紛紛向我倆索取食譜，希望依着食譜做法煮給家人及朋友分享，我由衷的感謝大家的支持。由於徇眾要求，加上希望為民間慈善團體出一分力，我將出版食譜的提議跟 Ricky 提出，他二話不說的應允，《煮題 COOK》食譜書終於順利出版。

我衷心感謝好好製作的每位工作人員，付出百分百熱誠製作好節目，當然還有好拍檔 Ricky，在他身上獲益良多，最後多謝萬里機構合作食譜製作。

不得不提的是，這是 Ricky 首本出版的食譜，請大家慷慨解囊，多多支持！

Jacky Yu

目錄

CHAPTER 1
忘不了……

CHAPTER 4

咁搞鬼都得？……

CHAPTER 5

口味大變身……

CHAPTER 6
神級輕鬆煮 ‧‧‧‧‧‧

全書食譜影片重溫

中電低碳煮食概念
IC 電磁爐，發揮無盡煮食靈感

越來越多家庭使用 IC 電磁爐，不單適合日常煮食，更可炮製鑊氣小炒，熱辣辣鑊氣十足。中電一向支持節能環保煮食概念，透過用電磁爐煮食，既可節省能源及開支，更可減低碳排放，也為家人煮出色香味美的餸菜，中電深信這是對家人最好的關愛。Jacky 及 Ricky 兩大名廚以電磁爐烹調中西創意美食，煎炒煮炸皆美味可口，贏盡粉絲的掌聲！

電磁爐五大煮食好處

鑊氣十足

電磁爐鑊氣十足，煮各款菜式也沒有難度。由於電磁爐加熱均勻及快捷，可縮短烹調時間，使食物保持鑊氣，加上電磁爐容易準確控制火力和爐溫，令煮食更得心應手。

節省能源

電磁爐直接加熱至鑊底或煲底，在整個煮食過程中，熱力不會於空氣中流失，故此食材快熟而且令廚房溫度較一般廚房低 4 至 5℃，使廚房變得清涼舒爽，既可節省能源又能減低碳排放。

清潔簡易

電磁爐產生的油煙較少，二氧化碳排放量較低，爐面易於清潔，一抹立即乾乾淨淨，可節省用水量及清潔劑，為環境出一分力，愛護地球。

安全可靠

有些型號電磁爐配備時間掣，只要設定烹調時間，電磁爐會自動關閉，不致過度烹調而令食物流失營養，煮得安心。

美觀慳位

電磁爐外型設計美觀，爐面可同時放置食材，即使不開爐也可當作工作檯面，廚房自然增加使用空間，減碳之餘又環保。

簡單實用的電磁爐，是「煮」人的得力助手，加上無限的煮食點子，廚房成為愛煮人士的新天地。

資料提供：中華電力

忘不了

「忘不了，忘不了⋯⋯」
Jacky 及 Ricky 高歌一曲，
忘不了往日的味道及情懷，
忘不了長輩們做菜的熱誠，
還有向懷舊美食致敬。

兒時的味道
by Ricky

炸油糍

材料

白蘿蔔 600 克

鹽、糖各 6 克

餡料

櫻花蝦乾 10 克

花生仁 30 克

葱粒 50 克

芫茜 50 克

五香粉 1 克

雞粉 6 克

炸粉漿料

炸粉 100 克

清水 120 克

油 20 克

鹽 2 克

五香粉 1 克

做法

1. 蘿蔔去皮，刨成絲，與鹽及糖各 6 克拌勻，靜置 10 分鐘，擠乾水分，成為脫水蘿蔔絲 400 克。
2. 脫水蘿蔔絲與其他餡料拌勻，備用。
3. 炸粉漿料拌勻，靜置 30 分鐘，放入唧樽備用。
4. 將油糍模放入熱油燒熱。
5. 倒入 1/3 炸漿，加入餡料後，再唧入炸漿，以 160-170℃油溫炸至金黃，脫模後炸至香脆（約 6-8 分鐘），盛起，瀝乾油分即成。

小貼士

- 蘿蔔絲擠乾水分時，保留少許水分，炸出來的油糍才會濕潤而不太乾。
- 拌炸粉漿時不要拌至起筋。

Jacky 難忘以往香噴噴的碗仔翅，今次稍加變奏，成為「升級版」碗仔翅。

兒時的味道
by Jacky

花膠碗仔翅

材料
- 花膠仔 50 克
- 豬腱或胸頭肉約 400 克
- 瑤柱 30 克
- 乾木耳 13 克
- 冬菇約 80 克
- 素翅 300 克
- 雞湯 1 公升
- 水 1.5 公升
- 馬蹄粉水約 1 碗

醃料
- 粗鹽 50 克

調味料
- 雞粉 10 克
- 生抽 15 克
- 老抽 10 克
- 鹽適量

伴吃
- 胡椒粉、大紅浙醋、麻油各適量

做法 •

1. 花膠洗淨，水滾後蒸約 45 分鐘，放入冰水浸泡一晚。

2. 豬𦟌加入粗鹽拌勻，蓋上保鮮紙冷藏一晚，隔日取出，倒走水分，蒸約 20 分鐘成鹹瘦肉，待涼後撕成幼條。

3. 瑤柱洗淨，泡水一晚，撕成絲（保留浸瑤柱水）。

4. 木耳泡軟，洗淨，切絲；冬菇泡軟，洗淨，去蒂、切片。

5. 花膠切成細條，飛水備用；素翅解凍。

6. 水及雞湯煮滾，放入鹹肉絲及瑤柱絲（連浸瑤柱水）煮約 5 分鐘待出味，下其他材料煮開（除花膠及馬蹄粉水），加入調味料拌勻煮滾，下花膠煮開，最後加入馬蹄粉水埋芡，煮至喜歡的濃稠度。

7. 吃時伴入適量大紅浙醋、麻油及胡椒粉調味，風味更佳。

- 傳統的港式碗仔翅以馬蹄粉埋芡，除了晶瑩透亮，還因大排檔賣一整鍋碗仔翅往往需要數小時，馬蹄粉的特性是張力夠強，放久了材料不會下沉，碗仔翅也不會出現化水的情況。
- 選用薄細的花膠烹調即可，若大花膠浸發出來太厚的話，需要切絲使用，則無謂浪費了。
- 豬䏄一定要用鹽醃過夜讓它出水，做出來的鹹瘦肉才有結實、有彈性的鹹香風味。

Ricky 重現嫲嫲的味道，將鯪魚起皮切肉再還原成家鄉釀鯪魚，吃出長輩的那份關愛！

媽媽的味道 by Ricky

嫲嫲煎釀鯪魚

材料

- 鯪魚 1 條（起肉、去骨，魚肉保留）
- 鯪魚膠 100 克
- 臘腸 5 克
- 膶腸 5 克
- 冬菇 20 克（浸軟）
- 蝦米 10 克（浸軟）
- 馬蹄 50 克
- 陳皮 1 克
- 生粉 5 克
- 鹽適量

芡汁

- 薑粒適量
- 葱粒適量
- 煲仔飯豉油 2-3 湯匙
- 豆瓣醬少許
- 水適量
- 粟粉水少許

做法 ‧‧

1. 臘腸、膶腸、冬菇、蝦米及陳皮切碎。

2. 馬蹄切粒，保留口感。

3. 將起出的魚肉切薄片，切碎，灑入鹽後剁爛。

4. 鯪魚膠與以上所有材料混合，加少許生粉及適量水拌勻，再撻至起膠。

5. 將魚膠釀入鯪魚皮內，蒸 20 分鐘至熟，待涼。

6. 去掉魚鰭，切厚件，煎香至金黃色，上碟。

7. 燒熱油鑊，爆香薑粒及葱粒，加入豉油、豆瓣醬及水煮開，下粟粉水埋芡，伴釀鯪魚肉同吃。

小貼士

- 如怕弄破鯪魚皮，可請魚販代勞起出鯪魚肉。
- 建議配料切得幼細，拌鯪魚肉後口感較佳。

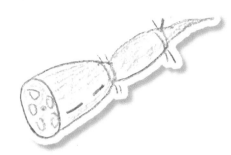

Jacky 懷念媽媽做的菜，以鯪魚及蓮藕配合製成蓮藕餅，
啖啖滋味，是一份家的味道。

媽媽的味道
by Jacky

蓮年有餘（蒸蓮藕餅）

材料
- 蓮藕約 600 克
- 鯪魚蓉約 375 克
- 瑤柱適量
- 冬菇約 5 朵
- 細蝦米約 2 湯匙
- 臘腸 1 條
- 葱花適量
- 煲仔飯豉油適量

調味料
- 油約 3 湯匙
- 粟粉、鹽各半茶匙
- 胡椒粉少許

蒜油材料
- 蒜蓉 1.5 湯匙
- 油約 4 湯匙

做法 •

1. 蓮藕磨成蓉，留少許蓮藕切幼粒。

2. 瑤柱洗淨，用水浸軟，撕成粗絲；冬菇洗淨，浸軟後切絲；蝦米洗淨，浸軟；臘腸洗淨，切粒（除蓮藕蓉外，全部材料瀝乾水分）。

3. 蒜蓉用油炸至金黃香脆成蒜油；冬菇、蝦米及臘腸炒香，備用。

4. 將蓮藕蓉、蓮藕粒、鯪魚蓉、冬菇絲、瑤柱絲、蝦米、臘腸粒及葱花放入大盆內，加入已混和的調味料，用手攪拌（邊拌邊搓勻），直至所有材料拌至起膠狀。

5. 在蒸碟抹上一層薄薄的油，放上已拌好的材料，抹平，餅面鋪上瑤柱絲。

6. 水滾後，以大火蒸約 40 分鐘，熟後取出移在碟內，淋上蒜油及適量煲仔飯豉油，灑上適量葱花裝飾即可享用。

- 蓮藕蓉及魚蓉的比例應為 3：2，即蓮藕 3 份，魚蓉 2 份，這個比例做出來的藕餅口感最好。留下少許蓮藕粒混在蓮藕蓉內，吃時可增加蓮藕的爽嫩口感。

- 全部材料必須攪拌並搓成膠狀，否則蒸出來的蓮藕餅鬆散不成固體，整道菜就失敗了。

- 蓮藕要選底部粗肥的部分，因為這部分較「老」，澱粉質較多，質感較綿，藕餅的口感更細滑軟綿。頂部較幼身的蓮藕部分口感較爽，適合用作炒吃。

- 蓮藕餅加入適量油攪拌，令藕餅的口感更香滑。

- 此藕餅除了蒸吃之外，更可分成小份，用兩片薄蓮藕片夾着煎香，也非常好吃，各具風味。

舊菜新做
by Ricky

八寶雞

材 料

小鮮雞 1 隻
上海蛋黃火腿糭 1 隻
即食栗子 70 克
小棠菜 300 克
小香葱 10 克

調 味 料

紹興酒 20 克
生抽 10 克
鹽少許

做法 •

1. 上海蛋黃火腿糭放入蒸爐翻熱，取出待用。

2. 鮮雞從背部劏開，起骨，下鹽調味，放入雪櫃冷凍，待用。

3. 用手將栗子搓碎，連同小香葱一併加入上海糭內，拌勻成餡料。

4. 將雞平放，皮向下，釀入餡料後，用針線縫合好。

5. 將縫好的雞放入大滾水汆燙 1 分鐘，盛起，充分抹乾，均勻地塗抹生抽，放於烤架上，置於雪櫃風乾 6-8 小時。

6. 放入烤爐前，用棉繩將雞紮好定型，以 220℃焗 23-25 分鐘。

7. 最後以鹽、生抽及紹興酒炒勻小棠菜，伴碟即成。

小貼士

- 用這個方法做出來的雞，雞肉嫩滑剛好，
  而且餡料也熱透。
- 如怕雞烤焗後腿部撐開，可用棉繩紮好才
  焗，能保持外形美觀。

Jacky 將新加坡的肉骨茶換上牛筋腩，
以嶄新的味覺配搭，叫人未吃先驚喜！

舊菜新做
by Jacky

肉骨茶湯
牛 筋 腩 *壓力煲版本

材料
- 牛腩或牛肋條 1.5 公斤
- 牛筋 900 克
- 牛肚 600 克
- 薑片 30 克
- 葱段 3 棵
- 花雕酒 20 克
- 水 4 公升

香料
- 白胡椒 150 克（舂碎）
- 草果 2 粒
- 香葉數片
- 連皮蒜頭 3 個
- 薑片 50 克

藥材
- 川芎 24 克
- 玉竹 120 克
- 當歸 20 克
- 熟地 20 克
- 黨參 60 克
- 杞子 40 克

調味料
- 鹽 30 克
- 雞粉 15 克

配料
- 肉鬆香葱烤餅（*做法見 P.34）、
  油條、雞飯黑豉油各適量

做法 ·

1. 牛腩、牛筋、牛肚洗淨，加入薑片 30 克、葱段和花雕酒飛水數分鐘，盛起，洗淨備用。

2. 牛肚先煮 1 小時，盛起，與牛腩、牛筋切成適當大小；白胡椒碎用白鍋炒香，放入湯袋內，備用。

3. 將牛腩、牛筋、牛肚、藥材、香料及調味料放入壓力鍋，將壓力調至三檔，待上壓後升至綠色線時煮 30 分鐘，熄火；待降壓後開蓋，即可享用。吃時配以肉鬆香葱烤餅或油條，牛筋腩沾上雞飯黑豉油伴吃，更添風味。

小貼士

- 牛肚需要燜煮的時間較長，故先將牛肚煮 1 小時，這樣可同時與牛腩、牛筋同步燜至軟臉。
- 白胡椒碎一定要先炒香，其香氣才能充分發揮。
- 煮好的湯及食料，可加入米粉、飯或麵伴吃，非常美味。

**舊菜新做
by Jacky**

肉鬆
香蔥烤餅

麵糰材料
- 麵粉 500 克
- 鹽 5 克
- 水 270 克

材料
- 豬肉碎 200 克
- 蔥花 80 克
- 薑米 10 克

調味料
- 鹽 2 克
- 糖 2 克
- 生抽 5 克
- 花雕酒 5 克
- 雞粉 1 克
- 蠔油 5 克
- 麻油 5 克

做法 . . . .

1. 將麵糰材料拌勻，用手揉成光滑麵糰，搓成長條狀，再切成均等的小段，再搓揉成小圓球，放在盤上，表面抹上一層油，蓋上保鮮紙，醒麵 1 小時。
2. 豬肉碎、葱花、薑米與調味料拌勻至起膠，備用。
3. 醒好的麵糰壓平成圓形，在面皮放上適量肉餡，推平肉餡，再疊上一塊面皮，圍成一個圓餅狀捏緊，拿起來用手輕輕的從中間往外拉，邊緣位置拉薄一點，放於鍋內煎至兩邊金黃色即可。

小貼士

- 烤餅除了選用豬肉之外，還可用牛、羊、雞肉等代替，甚至將調味改成麻辣、咖喱、沙嗲等自己喜愛的味道，各具特色。
- 在步驟 3 將餅皮拉薄的動作，可改用擀麵棍擀薄麵糰，視乎個人的製作習慣。

被遺忘的味道
by Ricky

法式雞慕絲
釀豬腳配紅酒牛油汁

材料
- 豬腳 1 隻
- 洋葱 100 克
- 甘筍 100 克
- 白酒 150 克
- 砵酒 100 克
- 牛肉汁 200 克

雞慕絲餡料
- 雞胸肉 1 件
- 雞蛋白 1 隻
- 忌廉 200 克
- 羊肚菌 30 克
- 蘑菇 50 克
- 洋葱半個
- 小香葱碎 10 克
- 牛油及鹽各適量

紅酒牛油汁料
- 乾葱碎 20 克
- 紅酒 50 克
- 砵酒 50 克
- 牛肉汁 100 克
- 牛油 30 克

做法

1. 用小刀將豬腳皮完整起出，只保留蹄部備用。

2. 洋蔥及甘筍切件，用牛油略炒軟，待香氣釋出後加入白酒、砵酒及牛肉汁，放入豬皮煮至完全脍身（約 3 小時），取出待涼，裁切成合適大小，備用。

3. 製作雞慕絲餡：羊肚菌浸軟，切粒；蘑菇及洋蔥切粒，用牛油炒至軟，以鹽調味，盛起放涼，置於雪櫃稍冷藏。雞胸肉去筋，雞肉與蛋白放入攪拌器攪爛，分數次加入忌廉攪至軟滑慕絲狀，加入菇菌料及小香葱碎拌成雞慕絲餡。

4. 豬腳攤平，放入雞慕絲餡，輕輕捲起兩邊豬皮，用錫紙包好蒸半小時。

5. 製作紅酒牛油汁：用少許牛油炒軟乾葱碎至透明，放入紅酒及砵酒煮至酒精蒸發及餘下 1/3 分量（約 1 分鐘），加入牛肉汁煮至濃稠，熄火，逐少加入牛油拌至合適濃稠及光滑狀。

6. 豬腳切件，上碟，以紅酒牛油汁伴吃。

小貼士

- 如沒有牛肉汁，可以日式燒肉汁代替，味道帶甜。
- 紅酒牛油汁最後以牛油調出自己合適的濃稠度，是西餐醬汁之精髓。

Jacky 以仁稔當主角，
讓媽媽和阿姨傳承給他的私房仁稔醬延續下去。

被遺忘的味道
by Jacky

私房
秘製仁稔醬

材料

仁稔 4.5 斤

白醋 400 毫升（醃仁稔用）

子薑 3 斤

粗鹽 60 克（醃子薑用）

五花腩 2.5 斤（連皮）

蝦米 320 克

蒜頭約 10 瓣（切片）

指天椒 50 克（約 20 隻，切圈，

視乎愛辣程度而增減）

浸蝦米水 1 杯

油 300 毫升

調味料

紹興酒 1/4 杯

麵豉醬 850 克

片糖碎或黃砂糖 620 克

鹽 2 茶匙

做法 . . . .

1. 仁稔洗淨，去蒂，十字剝開，起出仁稔肉，倒入白醋拌勻醃 1 小時，隔起白醋，備用。

2. 子薑洗淨，切細粒，加入粗鹽拌勻醃 1 小時，待完全釋出水分，用手擠出子薑水分。

3. 五花腩洗淨（如豬皮有毛，要用廚用火槍燒掉），連皮蒸約 50 分鐘至熟，待涼，連皮切成細粒，備用。

4. 蝦米洗淨，用水浸 1 小時至軟，瀝乾水分，略切碎，留約 1 杯分量浸蝦米水，備用。

5. 燒熱乾鑊，放入已擠乾水分的子薑粒炒至水分蒸發，盛起。

6. 鑊抹淨，加入仁稔白鑊炒至變褐黃色，盛起備用。

7. 鑊抹淨，下油 300 毫升，下蒜片及辣椒爆香，加入蝦米炒至散出香氣、水分收乾及油起泡，盛起。

8. 燒熱另一大鑊，加入豬肉炒熱至開始滲出油分，倒入紹興酒炒勻，加入麵豉醬及片糖碎炒至糖溶化，加入仁稔、子薑、蝦米、指天椒、蒜片、鹽 2 茶匙及蝦米水，不停炒動約 10 分鐘，至仁稔醬開始濃稠及色澤光亮，熄火，盛起待涼後置於密封容器，放入雪櫃保存。

忘不了

- 選用片糖做出來的仁稔醬，色澤略深及帶一種焦香味道。而選用黃砂糖做出的仁稔醬，色澤會較濃稠及光亮。
- 因仁稔醬較濃稠及糖分較多，炒製時要不停炒動，以免黏鑊及變焦。
- 當仁稔醬炒至色澤光亮時，代表醬已完成，可熄火；如個人喜愛仁稔醬較濃稠的話，炒的時間可再長一點。

微辣帶甜的仁稔醬，配上清淡的豆腐，兩者互相輝映。

被遺忘的味道
by Jacky

秘製仁稔汁涼拌豆腐

材料

- 櫻花蝦適量
- 皮蛋 2-3 隻
- 糖醋子薑適量
- 日本木棉豆腐 1 盒
- 葱花適量

調味料

- 豉油皇仁稔汁適量（＊做法見步驟 3）
- 麻油適量

做法

1. 櫻花蝦用白鑊以慢火烘香，備用。

2. 皮蛋剝殼，切成適當大小；子薑切細粒，備用。

3. 將仁稔放入豉油皇內浸泡，成豉油皇仁稔汁。

4. 豆腐放入有深度的碟子，放上皮蛋及子薑碎，淋上仁稔汁及麻油，最後均勻地灑上櫻花蝦及葱花即可享用，吃時將豆腐輕輕壓爛，與仁稔汁伴吃。

小貼士

- 除櫻花蝦外，其他材料應在製作前放入雪櫃冷藏，做出來的凍豆腐才冰凍可口，不會溫溫吞吞。

- 一般在日式超市售賣的包裝櫻花蝦，基本上可直接食用，但使用前用白鑊慢火烘香，令櫻花蝦的香氣更突出。

- 浸完仁稔的豉油皇仁稔汁，除可用作各類涼拌菜之外，加些指天椒碎用來蘸湯料吃更是一絕！風味非常獨特！

私房仁稔醬蝦子撈麵

 材料

- 蝦子麵 2 個
- 葱油約 1 湯匙
- 蝦子約 1 湯匙
- 仁稔醬 2-3 湯匙
- 葱花適量

做法 ⋯⋯⋯⋯⋯⋯⋯⋯⋯⋯⋯⋯⋯⋯⋯⋯

1. 蝦子麵用滾水煮至軟身，過冷河，煮熱盛起，瀝乾水分，上碟。

2. 淋上葱油，灑上蝦子及仁稔醬，最後撒上葱花，吃時拌勻所有材料享用。

小貼士

- 除了選用蝦子麵外，基本上可選用任何喜愛的麵類或米粉，各具風味。
- 將蝦子麵煮軟，過冷河後再煮熱，令麵條吃起來有更爽口的質感。
- 仁稔醬先用微波爐稍加熱，仁稔醬才夠軟身，更易與麵條拌勻，也令仁稔醬內的油分溶化，吃起來更香、更可口。

變身
屋企廚神

Ricky 及 Jacky 兩對巧手，
擁有魔法力量……
貴價菜可以平民化烹調；
自製萬用醬添加煮食新意。
大廚級菜式，在家亮眼登場！

Ricky 化繁為簡，以藍尾蝦取代貴價的龍蝦，
煮出滿分的「濃蝦湯」，口感綿厚。

貴菜平煮
by Ricky

濃蝦湯

 材料

海蝦 300 克

牛油 40 克

洋葱 50 克（切絲）

車厘茄 150 克（切半）

雞湯 200 克

鮮忌廉 100 克

白蘭地適量

做法 ••••••••••••••••••••••••••••••••

1. 將海蝦 1/3 分量焓熟，留作伴碟用；其餘連殼剪碎。

2. 燒熱牛油炒香蝦肉，加入洋葱絲炒 2 分鐘，下車厘茄炒 1 分鐘。

3. 加入雞湯及鮮忌廉，以大火煮滾後轉中火煮 5-10 分鐘。

4. 將湯打成蓉，隔渣，再略煮，加入白蘭地後上碟，伴焓蝦享用。

 小貼士

- 藍尾海蝦價錢不貴，但鮮甜美味。
- 用牛油炒煮蝦肉、蝦殼，蝦味四溢，與用龍蝦
  做出來的效果相似。

Jacky 挑選大隻的雞髀菇做成仿北海道帶子，相似度十足，以和洋的清新風為食物添上新滋味。

貴菜平煮
by Jacky

香煎
北海道帶子皇

材料
- 杏鮑菇 2 條（約 600 克）
- 牛油 50 克
- 三文魚子適量

醬汁
- 雞湯 130 克
- 鮮奶 30 克
- 清酒 15 克
- 味醂 6 克
- 蠔油 15 克
- 老抽 5 克

做法

1. 杏鮑菇洗淨，刨去表皮，切成約 4 厘米厚度，底面𠝹格仔紋。
2. 鍋中加入牛油燒熱，放入杏鮑菇，兩面煎香至金黃色，倒入所有醬汁材料，燜煮至醬汁濃稠（期間杏鮑菇兩面不時翻轉燜煮，使其均勻煮透及入味），上碟排好，放上三文魚子，即可享用。

小貼士

- 杏鮑菇不要切得太薄，經過燜煮後的杏鮑菇會收縮，如太薄的話則不像帶子的模樣了。
- 在杏鮑菇底面𠝹上格仔紋，除了更易入味，看起來也更像帶子。
- 燜煮後的杏鮑菇，口感上的確有點像帶子，除了配三文魚子外，亦可按個人喜愛配上不同的配料，如烏魚子、XO 醬、海膽等，更添鮮味。

Ricky 選取夏日的時令黃梅及無花果，配上手抓餅入饌，清新甜香。

時果好煮意 by Ricky

鮮果手抓餅

材料

印度薄餅（Paratha）2 片
牛油溶液適量
新鮮黃梅 3 個
以色列無花果 2 個

忌廉芝士 30 克
糖少許
糖霜適量
薄荷葉少許

做法 ●

1. 烘焙紙塗上適量油，放上兩片印度薄餅疊起，再均勻地塗上油，
   蓋上另一張烘焙紙，壓平後擀薄成方形，切去多餘邊位，上下向
   內捲起成圓筒狀，拉長，重新捲成圓餅，略壓平，靜置半小時，
   備用。
2. 黃梅一開六，塗牛油溶液及灑上糖，備用。
3. 取出薄餅，輕輕壓至合適厚度，煎至兩面金黃，中間鋪上黃梅，
   在薄餅四周撒上糖霜，以 220℃焗 6-7 分鐘，取出。
4. 無花果一開八，放於黃梅中間。
5. 忌廉芝士與糖攪勻，放於無花果上，以薄荷葉裝飾即成。

小貼士

- 用兩塊印度薄餅疊起擀薄，煎香後口感酥脆。
- 無花果不耐熱，最後放於薄餅面即可。

時果好煮意
by Jacky

黃皮
燜雞翼

材料
雞中翼 450 克（約 10 隻）
黃皮 230 克
水 100 克

醃料
鹽 3 克
糖 2 克
花雕酒 5 克
生粉 2 克

調味料
生抽 25 克
老抽 5 克
冰糖 15 克
青檸汁少許

變身屋企廚神

做法

1. 雞中翼洗淨，吸乾水分，於雞翼中間剔一刀易於入味，與醃料拌勻醃約 1 小時。
2. 黃皮用鹽水略浸，洗淨，開邊，去核，備用。
3. 鍋內加入少許油燒熱，放入雞中翼煎香兩面，加入黃皮、水及調味料，壓爛黃皮，加蓋，燜煮約 10 分鐘，將汁煮至濃稠即可，趁熱享用。

小貼士

- 由於每次買回來的黃皮甜酸度也有出入，青檸汁主要是平衡其甜酸度，分量多少可隨個人口味而定。
- 燜煮雞翼期間，要將雞翼略翻動，令雞翼均勻入味。
- 燜煮後的黃皮味道酸鹹、甘香，建議可伴雞翼同吃。

以黃皮果醬伴不同茶飲 mix & match，
自製歡樂時光。

時果好煮意
by Jacky

黃皮果醬

 材料

黃皮 1.8 公斤（去核，淨皮及肉計）
冰糖 600 克
鹽 5 克
甘草 20 克（洗淨，瀝乾水分）
水 1 公升

浸泡水

鹽、清水各適量

做法

1. 黃皮去枝、去葉，浸鹽水約 30 分鐘，沖洗乾淨，用小刀切開，去掉果核，備用。

2. 將所有材料倒入鍋內，以大火煮滾，改中火煮至汁液發亮及濃稠（約 30 分鐘），期間不斷攪拌以免黏鍋，趁熱倒入已消毒的容器，封蓋，倒置至涼，即成黃皮果醬。

- 黃皮的外皮有一種苦澀的味道，製作果醬前宜先用鹽水浸泡，除有效去除表皮的污垢及雜質，更有助減低黃皮外皮的苦澀味道。
- 做好的黃皮果醬可調配各式夏日飲料，如黃皮檸檬茶、黃皮果茶等，更可用作烹調各種水果菜式。
- 黃皮有健脾理氣、化痰止咳及舒緩喉嚨不適的食療功效，加入甘草製成果醬，更有潤肺及清熱解毒的作用，確是一道養生保健的滋味食品。

將傳統的意大利青醬稍加變化，成為家中的常備醬料，將頭盤、主菜昇華至另一境界！

自製萬用醬 by Ricky

意大利青醬

材料

- 意大利羅勒 80 克
- 欖仁（或松子仁）80 克
- 初榨橄欖油 300 克
- 蒜肉 4-6 瓣
- 巴馬臣芝士 80 克（刨碎）
- 鹽少許

做法

1. 欖仁烘香；蒜肉切粒，備用。
2. 將橄欖油及蒜粒放入攪拌機攪拌 10 數秒，加入羅勒及欖仁再攪拌 10 數秒。
3. 最後加入芝士碎及鹽攪拌數秒，至混合成醬料即成。

小貼士

- 意大利青醬可配生牛肉做成意大利 Carpaccio，或煎羊柳配普羅旺斯燉菜同吃，各具風味。
- 蒜粒先與橄欖油攪拌，能將蒜味徹底融和。

自製萬用醬
by Jacky

私房
紫蘇剁椒醬

材料
- 中型紅辣椒 1 公斤
- 紫蘇葉 120 克
- 老薑 50 克（洗淨、切片）
- 蒜頭 80 克（洗淨、切片）
- 豆豉 50 克（洗淨，瀝乾水分，略切碎）

醃料
- 白醋 100 毫升
- 粗鹽 40 克
- 雞粉 5 克（約半湯匙）

調味料
- 糖 25 克（約 1.5 湯匙）
- 雞粉 10 克（約 1 湯匙）
- 辣椒油 90 克
- 麻油 60 克
- 魚露 100 毫升

做法

1. 辣椒洗淨，瀝乾水分，去蒂，開邊，去籽，剁碎或用攪拌機攪碎；紫蘇葉洗淨，瀝乾水分，切碎備用。

2. 辣椒碎與醃料拌勻醃一天，取出，擠乾水分（水棄掉）。

3. 燒熱油 300 毫升，下薑片以小火爆香至開始變黃，再下蒜片爆香開始變黃，加入豆豉以小火炒至出味，下辣椒轉大火炒至變軟及辣椒皮開始捲起。

4. 放入調味料炒勻，最後下紫蘇葉碎炒勻，熄火，倒出待涼，成為萬用私房紫蘇剁椒醬。

小貼士

- 做好的紫蘇剁椒醬最好烹調蒸類的菜式，尤其是海鮮相當惹味，如蒸大魚頭、魚類、貝殼類等也非常適合。

- 使用時，每 150 克剁椒醬加入啤酒約 30 克及適量生蒜片拌勻，鋪在材料面同蒸，加入啤酒令烹煮的食材有提鮮的效果，肉質更嫩滑，尤其是牛肉。

- 若不喜歡太辣的話，可適當減少辣椒油的分量。

以私房紫蘇剁椒醬蒸排骨，香味提升不少。

自製萬用醬
by Jacky

紫蘇剁椒醬陳村粉蒸排骨

材料
新鮮腩排 1 斤
陳村粉約 2 條
紫蘇剁椒醬適量
葱花適量

調味料
生粉 1 茶匙
鹽 1/3 茶匙
糖 3/4 茶匙
雞粉半茶匙
蒜油約 2 茶匙

用具
點心蒸籠 1 個
荷葉半張（用熱水浸軟、洗淨，抹乾水分）

做法 •

1. 腩排洗淨，吸乾水分，拌入調味料醃約 1 小時。

2. 蒸籠底鋪上荷葉，陳村粉弄散放在荷葉上，放上醃好的排骨，淋上適量紫蘇剁椒醬。

3. 水滾後放入蒸籠，以大火蒸約 15 分鐘，取出，灑上葱花即可享用。

小貼士

- 蒜油是蒜頭與油同炸提煉出來的油，充滿蒜香風味，與排骨同蒸，不但增添香氣，更令排骨更香滑。

- 腩排是靠近豬腩軟骨的部位，帶點肥肉，肉質較腍，蒸出來的口感香滑鬆軟。

罐頭，俘虜不同年代人的味蕾。
Ricky 自製五香肉丁，讓傳統滋味更昇華。

神還原罐頭
by Ricky

五香肉丁
神還原

材料

- 脢頭肉 1 公斤
- 肥豬肉 200 克
- 紹興酒 200 克
- 豆醬 150 克
- 四川辣油 30 克
- 辣椒油 100 克
- 雞粉 20 克
- 五香粉 5 克

做法 •

1. 脢頭肉蒸熟定型，切粒備用。

2. 肥豬肉切方粒。

3. 準備高壓鍋，先放入肥豬肉炒至出油，放入所有材料，加壓煮 20 分鐘，排氣後即成，可伴炒飯享用。

小貼士

- 脢頭肉及肥豬肉的比例是 5：1，油脂豐富。
- 建議將脢頭肉切大粒些，以免燜煨後太細小。

Jacky 神還原經典的豆豉鯪魚，
甚至超越原裝變奏得更滋味。

零失敗
化骨豆豉鯪魚

材料

- 鯪魚 2 條（約 1.5 斤）
- 豆豉 150 克
- 陳皮 1 片（1/4 個）
- 指天椒 2 隻（切圈）
- 薑米 40 克
- 蒜蓉 40 克
- 油 250 克

調味料

- 糖約 1 湯匙
- 蒸魚豉油 45 克

做法 •

1. 豆豉洗淨，瀝乾水分；陳皮用水浸軟、洗淨，用刀刮淨瓤，切絲。

2. 鯪魚去內臟及魚鱗，洗淨，切去頭尾及魚鰭，開邊（如魚較大可斬件），吸乾水分，放入預熱油鍋以中小火炸約 30 分鐘至鯪魚金黃香脆，備用。

3. 炸魚期間，油下鍋燒熱，炒香薑米、蒜蓉、陳皮及指天椒，炒至薑米及蒜蓉金黃色，下豆豉炒至出味，灑入糖及蒸魚豉油炒勻，即成豆豉醬。

4. 將炸好的鯪魚放在蒸盤，均勻地鋪上豆豉醬，放在壓力鍋內，上壓後用高速煮約 1 小時 15 分鐘（視乎魚的大小而定），降壓後取出，待涼享用。

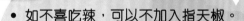

小貼士

- 如不喜吃辣，可以不加入指天椒。
- 豆豉鯪魚必須有適量的油浸着，吃起來才濕潤鬆酥而不粗韌；但切記不要用炸魚的油泡浸，應用炒過豆豉的油，豆豉鯪魚才夠「豉」味，且風味十足，食譜上油與豆豉的比例恰當，不要少於此分量。
- 鯪魚一定要炸透，不能有太多水分，炸魚時見冒出來的泡泡開始減至快將消失時，即代表炸魚差不多了，這樣的豆豉鯪魚口感才酥軟好吃。
- 鯪魚盡量挑選細條的，除了與罐頭更形神俱似外，魚骨亦較易「融化」。

同食材
玩遊戲

任何材料到 Ricky、Jacky 手上，
東溝西溝，跳出固有煮食模式，
都有意想不到的美味驚喜。
「玩吓啫，唔使太認真！」
Ricky 聳聳肩笑說。
大廚，即係大廚！

酷愛杯中物的 Ricky，特意選了 Kamikaze，配上雞髀及韓式泡菜，炮製一道烈如火的創意料理。

酒出好味道
by Ricky

Kamikaze
香檸雞

材料

- 雞腿 2 隻
- Kamikaze（伏特加、氈酒、青檸汁各 1 份調勻）
- 伏特加適量
- 蘆筍 4 條（刨皮、切斜段）
- 韓國泡菜適量
- 泡菜汁適量
- 薑粒 10 克
- 乾葱 10 克（切半）
- 蒜片 10 克
- 檸檬皮、青檸皮各少許

做法

1. 雞腿切件,加入 Kamikaze 醃 1 小時。

2. 燒熱油鑊,爆香薑粒、乾葱及蒜片至金黃微焦,加入雞件用大火煎香一面後,翻轉再煎香,放入蘆筍炒香,倒入泡菜汁煮一會,拌勻後加入伏特加燒至酒精揮發。

3. 熄火,加入泡菜拌勻,盛起上碟,最後灑上檸檬皮及青檸皮即成。

小貼士

- Kamikaze 是雞尾酒的一種,又稱為神風雞尾酒,是由伏特加、氈酒及青檸汁調校而成。
- 煎雞肉時,醃肉的酒精已發揮掉,臨上碟前再灑入伏特加,能為菜式帶來酒香的醇和味道。
- 最後加入伏特加後,可用火槍點燃材料,讓火焰加快酒精揮發。

酒出好味道
by Jacky

啤酒
番茄烤魚

材料

- 桂花魚 1 條（約 1.5 斤）
- 薑 25 克（切細條）
- 葱段 25 克
- 指天椒 3 隻（切段）
- 蒜片 25 克
- 蒜苗 60 克（切段）
- 花生芽 100 克
- 豆腐泡適量
- 番茄 600 克（切塊）
- 青辣椒 2 條（切件）
- 啤酒 1 罐

醃 料
鹽 3 克
胡椒粉 1 克

調 味 料
豆瓣醬 20 克
蒸魚豉油 15 克
蠔油 30 克
番茄汁 30 克
番茄膏 15 克
糖 30 克

做法

1. 桂花魚去鱗，魚腹切開去內臟，洗淨，吸乾水分。將醃料均勻地塗滿魚全身，醃 30 分鐘，備用。

2. 鍋內燒熱油，放入醃好的桂花魚，煎至兩邊金黃，盛起備用。

3. 另用一鍋，加入油燒熱，倒入薑、葱段、指天椒和蒜片炒香，加入豆瓣醬炒出紅油，先加入一半番茄炒勻，倒入啤酒和其他調味料拌勻，放上桂花魚，以中火燜煮數分鐘。

4. 加入餘下的番茄再燜煮一會，最後加入蒜苗、花生芽、豆腐泡及青辣椒煮熟即可。

小貼士

- 煎魚時切忌太心急，待魚煎至一面金黃定型，才將魚反轉煎第二面，否則魚很易爛掉。
- 選油分較重的魚，例如馬友、桂花魚烹調最適合，無論滾煮多久，肉質仍保持嫩滑。
- 在吃正式烤魚時，一般都會邊煮邊加入不同的配料，與火鍋的吃法很相似，極具風味。
- 可隨意加入自己喜愛的配料，如各類海鮮、肥牛、肉片或丸類等。

用肥美的刺身級三文魚，配合歐美流行的 Brine 鹽水醃漬法，製作一道家作簡易煙燻三文魚，回味難忘！

鹽升級主角
by Ricky

家作
煙三文魚

材料
刺身級三文魚 200 克

鹽水料
水 1 公斤
鹽 100 克
糖 30 克

做法

1. 三文魚切成 1 厘米厚片，放入鹽水料醃 10 分鐘，盛起。

2. 將三文魚片放於乾布上，吸乾水分，再放於烤架上，冷藏一晚令
   魚肉緊緻。

3. 取出三文魚片，用煙燻槍燻 4-5 分鐘。

4. 完成後的煙三文魚可配貝果、紅洋葱、忌廉芝士或沙律菜享用。

小貼士

- 魚肉經鹽水的化學作用下，肉質變得
  更緊緻、有彈性。
- 置於烤架上晾乾，能夠令空氣流通，
  讓魚肉更乾身。

同食材玩遊戲

將惹味的胡椒焗蟹，搭配多款鹽香風味，
讓蟹肉鮮味推至極致。

鹽升級主角
by Jacky

胡椒海鹽焗蟹
配綠茶鹽、沙薑鹽
及咖喱鹽

材料
花蟹 2 隻（約共 2 斤）
白胡椒 80 克
粗鹽 600 克

工具
錫紙 1 張
玉扣紙（紗紙）2 張

調味鹽
綠茶粉、沙薑粉、咖喱粉、
海鹽各適量

同食材玩遊戲

做法

1. 白胡椒舂碎，與粗鹽混合，放入鑊內以中慢火炒至粗鹽焦黃，散出胡椒香氣成胡椒鹽，盛起備用。

2. 蟹劏好洗淨（不用斬件），起出蟹蓋。焗盤鋪上錫紙，先放上部分胡椒鹽，再放上蟹，蓋上約 2 張紗紙包裹蟹，將餘下的胡椒鹽均勻地覆蓋在上面。

3. 預熱焗爐 230℃，放入蟹焗約 18-20 分鐘。

4. 焗蟹期間，分別將綠茶粉、沙薑粉及咖喱粉與海鹽混合，放在小鍋內以低火炒勻，成為綠茶鹽、沙薑鹽及咖喱鹽。

5. 蟹焗好後，小心地倒出胡椒鹽，拆開紗紙取出蟹，斬件及上碟。吃時蘸適量綠茶鹽、沙薑鹽或咖喱鹽伴吃即可。

小貼士

- 焗蟹時毋須將蟹斬件,如一早將蟹斬件,焗好後較難將蟹起出上碟;而且將蟹起出時有機會沾到焗盤上的鹽,鹽太多會令蟹肉很鹹。
- 由於牛油紙太密封,未能令香味滲入蟹內;建議用玉扣紙(紗紙)較佳。
- 此做法除了焗蟹外,還可以焗大蝦、花蛤、魚等,但焗的時間要作出適當調整。
- 調味鹽可根據個人喜愛的口味作出不同變化,如煙燻鹽、辣椒鹽、咖喱鹽、沙薑鹽、香茅鹽及不同香草味道的鹽等,各具風味。

經多番研究，終成功將薯仔變成人見人愛的「蝦片」，
你想知道當中秘訣嗎？

薯不一樣
by Ricky

薯仔扮蝦片

材料
薯仔 150 克
泰國生粉 150 克
水 85 克

調味料
鹽 5 克
雞粉 5 克
油 5 克
糖 5 克
紅椒粉（Paprika）5 克

做法 •

1. 薯仔刨皮、切粒，蒸熟，趁熱加入調味料及水搓勻成薯蓉。

2. 加入泰國生粉及水拌勻成糰，用保鮮紙包成 4-5 厘米直徑條狀，
   蒸熟（約 25 分鐘），放入雪櫃冷藏定型。

3. 將薯蓉糰切成 1-2 毫米薄片，放入 55-60℃焗爐風乾 5-6 小時（或
   曬 8-12 小時），最後以 190℃油炸至脆身即成。

小貼士

• 薯蓉片風乾後因抽乾水分，下油鍋炸後會
  迅速膨脹起來。

同食材玩遊戲

薯不一樣
by Jacky

Jacky 努力發掘薯仔丸子的秘密，

配上他最拿手的秘製醬汁，一吃幸福！

辣妹 Q 彈薯仔波

材料
- 薯仔 300 克（刨皮淨肉計算）
- 木薯粉 120 克
- 炒香花生碎適量
- 炒香芝麻適量
- 芫荽碎適量

調味料
- 鹽 2 克

辣妹醬汁
- 煲仔飯豉油 3 湯匙
- 鎮江醋 1.5 湯匙
- 冷開水 1 湯匙
- 麻醬（以麻油開稀）2 湯匙
- 麻油 1 湯匙
- 花椒油 1 湯匙
- 辣椒油 2 湯匙

做法 ·

1. 薯仔切片，蒸約 15 分鐘，取出壓成薯蓉後過篩，成幼滑薯蓉。

2. 薯蓉加入木薯粉及鹽搓勻成粉糰，再分粒搓成小圓球，排放蒸盤蒸 10 分鐘至熟，成 Q 彈薯仔波波，稍待涼備用。

3. 醬汁中的煲仔飯豉油、鎮江醋及水拌成醬汁汁底，備用。

4. 薯仔波波放碗內，加入拌勻的醬汁汁底，然後依次淋上麻醬、麻油、花椒油及辣椒油，最後灑上炒香花生碎、芝麻及芫荽碎，拌勻享用。

小貼士

- 薯仔切片後再蒸，更容易蒸熟；壓好的薯蓉再過篩，令薯蓉更加細滑。

- 薯仔蒸好後，要盡快壓爛及處理，若蒸好的薯仔放得太久才壓薯蓉的話，會起筋性，搓出來的薯仔波較鬆散及較難成型，大大影響蒸出來的效果。

- 此薯仔波波除了蒸之外，還可以煮成非常有風味的鹹湯，只要配上湯底，加些蔬菜、蝦米、肉類或海鮮，非常有風味。

- 除了造成波波形狀外，還可以將搓好的薯蓉粉糰壓平鋪在蒸盤上，蒸熟後切成條狀，變成條狀的Q彈薯粉。

Ricky 選用強化腸道健康的南瓜和粟米做主角，煮出日式 kakiage 脆餅，鬆脆好吃！

南瓜粟米抗疫餐
by Ricky

粟米
蔬菜脆餅

材料

日本南瓜 1/8 個

粟米 2 支

甘筍 1/2 條

炸漿材料

低筋麵粉 100 克

粟粉 50 克

發粉 5 克

梳打粉 2.5 克

清水 150 克

油 50 克

做法 . . . .

1. 南瓜及甘筍切絲；粟米切粒，去芯。

2. 將切好蔬菜放於碗內，拌入少許低筋麵粉，備用。

3. 將炸漿材料的粉類先混和，拌入油及水攪拌，靜置半小時。炸漿放入唧樽，備用。

4. 預熱油至 160℃。在烘焙紙掃少許油，唧入少許炸漿，鋪上薄薄的蔬菜，再唧入炸漿，放入熱油內（150-160℃）炸至上色，取走烘焙紙再炸至金黃香脆，享用時灑上鹽調味。

小貼士

- 蔬菜與低筋麵粉先拌和，令蔬菜與炸漿黏緊。
- 拌炸漿時，先在粉類拌入油，以免麵粉太起筋。

同食材玩遊戲

南瓜粟米抗疫餐
by Jacky

有營
粟米粗糧包

材料（此分量約可做 30 個）

- 水餃皮約 30 塊
- 粟米粒 200 克
- 紫米 400 克
- 水 500 克
- 栗子 80 克（切小粒）
- 黃番薯 80 克（切小粒）
- 紅腰豆 80 克
- 花生 80 克
- 提子乾 80 克

做法

1. 紫米、花生和紅腰豆分別用水浸 1 小時；將紫米加水拌勻蒸 40 分鐘至熟，備用。

2. 將 3-4 塊水餃皮一疊，用擀麵棒擀開至一倍大，備用。

3. 把所有材料拌勻，雙手先沾水，用手將材料捏成球狀，取一塊水餃皮包成包子狀，放入蒸爐蒸約 1 小時即可。

小貼士

- 由於各種材料皆有甜味，毋須加入糖分，若想吃起來味道甜些，可適量加些糖。
- 除了以上配料，可根據個人口味，改用其他材料如各類乾果、雜果仁，甚至蔬菜、菇類等代替亦可，各有風味。
- 餘下的水餃皮一定要用保鮮紙包好，放入雪櫃保存，這樣水餃皮才不會乾，而且保持彈性，可留待下次使用。

南瓜粟米抗疫餐
by Ricky & Jacky

五色咖喱
南瓜湯

材料（2 人份）

- 日本南瓜 1/4 個
- 粟米 1 支（一開二）
- 鮮奶 500 克
- 牛油 50 克
- 香蕉 1 條
- 黃薑粉少許
- 咖喱粉少許
- 鹽適量

五色料

- 甘筍適量（切粒）
- 粟米粒適量
- 淮山適量（切粒）
- 雲耳適量（切絲）
- 甜豆仁適量

同食材玩遊戲

做法

1. 南瓜用刀去皮、切粒；粟米切粒，去芯；香蕉切細備用。

2. 燒熱牛油，炒香南瓜及粟米粒，灑入黃薑粉及咖喱粉拌勻，加入鮮奶煮至微滾，放入香蕉略煮，熄火。

3. 將湯料放入攪拌器攪成蓉，隔渣，下鹽調味。

4. 五色料放入沸水燙熟，備用。

5. 碗內放入五色料，最後倒入粟米南瓜湯即成。

小貼士

- 加入香蕉是一個創新煮法，帶少許酸味，能平衡南瓜及粟米的甜，有另一種不同的食味。
- 南瓜及粟米先用牛油炒香，令湯羹帶一種牛油香氣。
- 五色料對人體五臟皆有裨益。

咁搞鬼都得？

兩位大廚碰在一起，
天馬行空的搞鬼意意，
總會搶盡鋒頭，贏盡掌聲。
Wow 嘩聲菜式、暗黑料理、
怪味食材……
開一瓶香檳狂呼，Cheers！

WOW 嘩菜
by Ricky

大頭蝦
火山骨

材料
- 豬骨 2.5 公斤
- 白蘿蔔 1 條（切件）
- 洋葱 1 個
- 白胡椒粒 20 克
- 香茅 4 支
- 芫茜頭 50 克
- 泰國青檸葉 20 克
- 大頭蝦 1 公斤

醬汁
- 蒜蓉 50 克
- 青辣椒 50 克
- 泰國小辣椒 20 克
- 青檸 8 個（榨汁）
- 芫茜 200 克（切碎）
- 魚露、糖及雞粉各適量
- 豬骨湯 500 克

紅油材料
- 紅辣椒碎 20 克
- 熱油 100 克

咁搞鬼都得？

做法 •

1. 豬骨放入鍋內，加入清水煮滾，撇去浮渣，加入白蘿蔔、洋蔥、
   白胡椒粒、芫荽頭、香茅及青檸葉，以中火煲 2 小時。

2. 豬骨取出，放入 250℃焗爐焗 10 分鐘，取出備用。

3. 大頭蝦放入滾水焓 3 分鐘；所有醬汁材料拌勻，備用。

4. 將熱油倒入紅辣椒碎成紅油，備用。

綜合做法

在盛器內，放上白蘿蔔及烤過的豬骨，淋上調好的湯汁，將大頭蝦
放在碟旁圍邊，淋上紅油，可選擇性地灑上酒點火。

小貼士

- 豬骨煲腍後再放入焗爐焗香，肉質焦香，
  配上酸辣的醬汁，非常惹味，且滲滿酒
  香味。

WOW 嘩菜
by Jacky

冬蔭
海皇冬瓜船

豬骨海鮮湯底

材料

- 豬筒骨 2 斤
- 藍花蟹或三點蟹 3 隻
- 蝦乾 150 克（洗淨、瀝乾水分）
- 水約 2.5 公升

做法

1. 豬筒骨洗淨，飛水，瀝乾水分。

2. 蟹劏好，洗淨，一開二，放入預熱 220℃ 焗爐焗約 10-15 分鐘，至微微焦香及散出香氣，取出，備用。

3. 鍋內加入水，放入豬筒骨、蟹及蝦乾，以大火煲滾後轉中火煲約 2 小時，隔渣，成豬骨海鮮湯底，備用。

咁搞鬼都得？

冬蔭海皇冬瓜船

材料

- 長形冬瓜 1 個（約 13 斤）
- 鮮中蝦 10 數隻（剝殼、挑腸，蝦頭及蝦殼留用）
- 花蛤 1 斤（洗淨，浸水）
- 北海道帶子約 6 隻（解凍、吸乾水分，用少許鹽略醃）
- 椰汁適量（最後加入）

香料

- 蒜頭 5 瓣（切片）
- 乾葱頭 5 粒（切碎）
- 香茅 8 支（只取白色根部，切碎）
- 南薑 40 克（切片）
- 芫茜約 6 棵（切碎，芫茜頭留用）
- 指天椒 2-4 隻（切碎，分量視乎愛辣程度）
- 檸檬葉 10 克（洗淨，用手搓裂）

配料

- 泰國小番茄 250 克（洗淨，一開二）
- 草菇約 10 數顆（洗淨，一開二）
- 豬骨海鮮湯底 2 公升

調味料

- 冬蔭功醬約 150 克
- 魚露 20 克
- 糖 10 克
- 鮮榨青檸汁約 4 個分量

1. 冬瓜洗淨、抹乾,沿着冬瓜的長形切開一個洞,挖出瓜籽及部分瓜肉(取部分瓜肉切丁,備用),放入蒸櫃以大火蒸約 40 分鐘,至冬瓜熟透。

2. 鍋內燒熱油約半杯,放入蒜頭及乾葱頭炒香,再下蝦頭及蝦殼爆香,並將蝦頭壓爛,讓蝦膏溢出,放入豬骨海鮮湯底、香茅、南薑、芫荽頭、指天椒及檸檬葉,以大火煮滾,加蓋,以小火煮 30 分鐘成湯底。

3. 湯底以隔篩隔去湯渣,將湯倒回鍋內,下冬瓜丁、小番茄、草菇及調味料拌勻,試味,煮至冬瓜丁及番茄開始變軟,下花蛤略煮,再加入蝦及帶子灼熟,熄火,淋上適量椰汁拌勻,備用。

4. 冬瓜蒸熟後小心取出,將冬蔭功湯及湯料盛於冬瓜內,灑上芫荽,趁熱享用。

小貼士

- 冬蔭功醬是混合香茅、南薑、辣椒、花生、蝦米、蒜頭、乾蔥頭、羅望子汁等攪碎，用油炒成的現成醬料，可在泰國食品雜貨店買到，由於每個牌子的酸辣鹹甜程度有別，建議首次使用可先買幾款試味作比較，然後選一款最適合自己口味來使用。
- 冬蔭功這道泰式經典蝦湯，靈魂是浮在湯面那層蝦油，因此一般煮泰式冬蔭功都是使用蝦膏較多的大頭蝦，但大頭蝦在香港街市不易買到，故我選用新鮮中蝦，在炒蝦時必須炒得夠香，令蝦膏全部溢出，這樣煮出來的冬蔭功才夠鮮、香及惹味。
- 此冬蔭功湯底亦可變成火鍋湯底，配以各類海鮮、肉類及各式粉麵，皆非常美味。

咁搞鬼都得？

臭味大變身
by Ricky

筍蝦燜煮
德國鹹豬手

材料

筍蝦 600 克

德國鹹豬手 2 隻

德國酸椰菜 200 克

豬腩肉 150 克

南乳 100 克

磨豉醬 20 克

紹酒 120 克

清水 2 公斤

調味料

麻醬 20 克

蠔油 20 克

雞粉 20 克

做法

1. 筍蝦用水浸 2 天，期間換水 4 次，去除酸鹹味，備用。

2. 鹹豬手用小刀沿骨起肉，備用。

3. 豬腩肉切片，下油鍋爆香，下南乳及磨豉醬炒香，灒入紹酒，加水煮滾，加入麻醬、蠔油及雞粉調味，放入豬手及筍蝦加蓋煮 1 小時，最後加入酸椰菜多煮 15 分鐘即成。

小貼士

- 筍蝦是這道菜的主角，需要足夠時間燜煮，吸收了肉香味，口感及味道俱佳。
- 鹹豬手去骨後燜煮，味道容易滲入肉，啖啖惹味。
- 加入豬腩肉的油香，令整個菜香氣四散，好吃到不得了。
- 客家人傳統上的筍蝦燜肉加入麻醬調味，令醬汁帶一種難以形容的獨特香味。

Jacky 選擇他至愛的榴槤，以娘惹的煮法炮製咖喱雞，希望成功將榴槤變成絕佳美食。

臭味大變身
by Jacky

榴槤
咖喱雞焗飯

材料

雞全髀 4 隻（約 1.2 公斤）

薯仔 1.8 公斤

洋葱 1 個

乾葱頭 30 克

榴槤肉 350 克（煮咖喱雞用）

榴槤肉約 100 克（焗飯時鋪面用）

醃料

鹽 6 克

糖 4 克

生抽 12 克

薑片 20 克

葱段 20 克

咁搞鬼都得？

調味料	焗飯材料
咖喱醬約 200 克	白飯約 500 克
水 1.5 公升	雞蛋 3 隻
蠔油 30 克	意大利莫札瑞拉芝士約 150 克
沙嗲醬 40 克	（Mozzarella）
海鮮醬 40 克	
魚露 25 克	
糖 15 克	
椰汁適量	
鹽少許	

做 法 ·

1. 雞髀洗淨,吸乾水分,斬件,加入醃料醃 30 分鐘。

2. 薯仔去皮,切成適當大小;洋葱及乾葱頭分別切絲,備用。

3. 鍋內加入少許油,下洋葱和乾葱頭炒香至微焦帶黃,加入咖喱醬炒香,倒入水和其他調味料(椰汁除外)煮開,加入薯仔,加蓋以大火煮滾後轉中小火,燜煮約 15 分鐘。

4. 燜薯仔期間,將雞髀煎香,瀝乾油分,備用。

5. 咖喱汁燜煮 15 分鐘後,放入煎好的雞髀煮約 20 分鐘,加入 350 克榴槤肉拌勻,最後加上適量椰汁,即成榴槤咖喱雞。

6. 另起鍋,加入適量油燒熱,倒入蛋液炒開,加入白飯和少許鹽炒香,成為炒飯底。

7. 將適量炒飯底放入焗盤內,加入適量榴槤咖喱雞及汁,均勻地鋪入榴槤肉 100 克,最後灑上 Mozzarella 芝士,放入預熱 220℃焗爐焗約 15-20 分鐘,至芝士溶化及金黃焦香,即可趁熱享用。

- 我通常購買金枕頭榴槤烹調此餚,免浪費太貴價的榴槤。
- 此咖喱用雞髀、雞翼或全雞斬件烹煮均可,雞髀肉質較嫩滑彈牙,就算隔夜食用,依然可口有質感,而且啖啖肉。
- 椰汁不耐煮,食用前淋上適量椰汁,與咖喱汁拌勻即可,這樣椰汁就更能充分帶出咖喱的香味。
- 一般煮好的咖喱雞,隔夜食用風味更佳、更入味;若你想隔夜食用的話,建議翻熱咖喱雞時才加入榴槤,這樣榴槤的風味更能突出了。
- 若咖喱雞直接配以白飯,再加一隻溫泉蛋或爐邊太陽煎蛋亦非常美味。若用來做焗飯的話,咖喱汁毋須太多,否則焗出來的飯有可能因太多汁而變得太濕。

選取意大利墨汁做「煮」角，把鮮味的
火箭魷變成烏溜溜的天使麵，讓你大呼：好吃！

黑色料理
by Ricky

火箭魷吹筒仔
意大利墨汁
天使麵

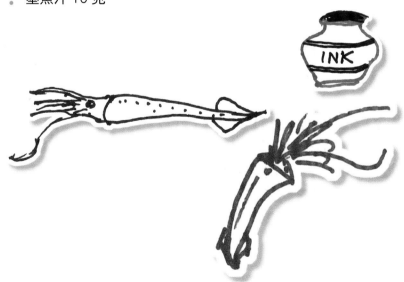

材料

火箭魷（連墨汁）1 隻
乾魷魚筒（吹筒仔）5-6 隻
墨魚汁 10 克

做法 •

1. 吹筒仔蒸 10-15 分鐘至軟身，剪成幼絲，用小火炸脆，備用。

2. 火箭魷洗淨，去骨、去墨囊，片薄火箭魷，切成幼麵條狀（如天使麵）；魷魚鬚焓熟作上碟用。

3. 燒開適量水，放入墨汁及少許油拌勻，放入魷魚天使麵，灑上少許鹽調味。煮的時間可視乎個人口味，如喜歡爽口麵條煮 1 分鐘即可；愛腍滑麵條的煮 20-30 分鐘。

4. 墨汁天使「麵」上碟，魷魚鬚圍邊，放上脆炸吹筒仔在面即成。

小貼士

- 如火箭魷的墨汁不夠，可購買市面現售的墨汁，更濃縮。

黑色料理
by Jacky

黑蒜
欖角豆豉醬

材料

- 蒜蓉 30 克
- 指天椒 2 隻（切段）
- 陳皮 2 克（用水浸軟、刮瓤、切絲）
- 欖角 70 克（洗淨、用廚紙吸乾水分）
- 豆豉 120 克（洗淨、用廚紙吸乾水分）
- 黑蒜 40 克（去衣、用叉壓爛）
- 薑汁 35 克
- 甘草粉 1/3 茶匙
- 橄欖油適量（分量需蓋過做好的欖角醬）

做法

1. 欖角及豆豉略切。

2. 鍋內燒熱適量油，炒香蒜蓉、指天椒及陳皮，下欖角、豆豉及黑蒜炒勻，盛起。

3. 倒入蒸碟，加入薑汁及甘草粉拌勻，蓋上保鮮紙，以中火蒸約 45 分鐘至鬆軟，取出拌勻。

4. 涼卻後，放入已消毒的容器，倒入橄欖油蓋過醬料，密封，放入雪櫃保存，可慢慢享用。

小貼士

• 容器必需用滾水泡浸消毒，吹乾水分才放入食物保存；醬料加入熟油或橄欖油封存，較耐存而且不會發霉。

• 欖角的粗幼質感，可因應個人喜好而決定略切或切得幼細些。

• 完成後的黑蒜欖角豆豉醬，可直接炒菜、蒸排骨、蒸雞等，鹹鮮惹味，甚至加入其他調味料，蒸煮各類海鮮均可。

黑色料理
by Jacky

黑蒜欖角豆豉醬蒸鱔

材料
白鱔 1 條（約 2 斤）
葱花適量

調味料
黑蒜欖角豆豉醬 200 克
蠔油 20 克
胡椒粉適量
米酒 20 克
水 30 克
生粉 10 克

做法 ●

1. 白鱔劏好，去內臟，洗淨，瀝乾水分，切段，再在鱔段剝兩刀，使其更易入味。

2. 蒸鱔調味料拌勻，與鱔段拌勻，均勻地放在蒸盤，蓋上保鮮紙，放入蒸櫃（或用中火）蒸約 1.5 小時，最後灑上葱花即可趁熱享用。

小貼士

● 白鱔身上有滑潺潺的黏液，要用滾水燙過才烹調，這步驟可請相熟的海鮮檔代為處理。

● 這道菜以潮州式烹調，經長時間蒸煮後，鱔肉鬆化入味，油脂甘香，肥而不膩，齒頰留香，醬汁惹味伴飯一絕。你亦可以粵菜蒸法烹調，用大火蒸約 10 分鐘即可，肉質爽滑鮮嫩，各具風味。

咁搞鬼都得？

選用芝士、腸仔、車厘茄及泡椒等雪櫃剩食，
配上墨西哥脆片，一道邪惡滿分的宵夜登場！

川味
墨西哥脆片

材料（所有分量隨意）

- 墨西哥脆片（Tortilla chips）
- 美國香腸（Johnville、切片）
- 四川臘腸（切片）
- 意大利莫札瑞拉芝士碎（Mozzarella）
- 法國金文拔芝士（Camembert，切件）
- 片裝車打芝士
- 四川泡椒
- 茄醬
- 車厘茄（切半）
- 乾葱（切圈）

做法 . . . .

1. 將所有材料隨意組合在碟上。
2. 放入微波爐加熱 1-2 分鐘，即可食用。

小貼士

- 這道墨西哥脆片焗製後，需要即焗即吃。
- 只要有墨西哥脆片及芝士，配搭任何日常食材即可製作。

咁搞鬼都得？

將即食麵配上自家炮製的鮮番茄濃湯，放上即煎帶子及芝士片，實在是美味與健康完美結合。

冇得輸宵夜
by Jacky

真係番茄
韓風芝士海鮮麵

材料

- 即食麵 1 個
- 中型番茄 2 個（約 400 克）
- 洋葱少許（切粒）
- 韓國泡菜 60 克（略切）
- 韓國辣椒醬約 25 克
- 即食芝士片 1 片
- 水約 450 克
- 葱花適量

配料

- 帶子 3 隻（解凍後吸乾水分，兩面以海鹽及胡椒粉略醃）
- 溏心蛋或煎蛋 1 隻
- 大葱 1 小段（切幼絲）或以其他蔬菜代替
- ＊可取用家裏雪櫃自己喜愛的食物，如午餐肉、香腸或丸類等。

做法 . . . .

1. 番茄底部以十字剝開，放入微波爐「叮」約 1 分鐘，浸冰水，剝皮後切碎，備用。

2. 小鍋內加入少許油燒熱，炒香洋葱粒，下番茄碎略煮至番茄煮出汁液，加入水略煮成番茄湯，加入泡菜及韓國辣椒醬拌勻，放入即食麵，加蓋。

3. 帶子以大火兩面煎至微焦金黃，盛起吸乾油分，備用。

4. 鍋內放上芝士片，再加蓋，焗至芝士溶化，離火後放上帶子、溏心蛋及大葱，最後灑上葱花，配上一杯冰凍飲品，趁熱享用。

小貼士

- 此麵我建議有兩個食法，除了以上做法外，在步驟 2 的水量少一些，讓番茄湯汁濃稠些，變成番茄撈麵，吃時淋上一圈以橄欖油調稀的花生醬，變成另一道冇得輸宵夜。

咁搞鬼都得？

口味大變身

兩位主廚，充滿無窮的煮食點子，
來一次新搞作，注入大膽創意，
為大家帶來不絕驚喜。
川式創意料理、異地美食神還原……
廚房，成為他倆的煮食遊樂場。

川式創新味
by Ricky

法式
川味珍珠雞

雞卷材料
- 即食珍珠粉圓 1-2 湯匙
- 雞髀 1 隻
- 意大利櫛瓜少許（Zucchini，青色及黃色）
- 墨魚膠 200 克
- 牛奶 50 克

麻辣牛油汁
- 乾葱 3 粒（切片）
- 牛油 30 克
- 郫縣豆瓣醬 1 湯匙
- 麻辣醬 1 茶匙
- 葱花少許

做法 . . . .

1. 珍珠粉圓沖水,放入滾水煮熟,隔水及過冷河,瀝乾水分,備用。

2. 雞髀去骨、去筋,起肉,修至厚薄均勻。

3. 意大利櫛瓜裁成珍珠相若的小圓粒,飛水備用。

4. 墨魚膠加入牛奶攪拌成軟滑狀,加入珍珠及意大利櫛瓜粒拌勻。

5. 雞髀肉攤平,撒上少許鹽,放入墨魚膠均勻塗抹,捲成圓筒形,
   用保鮮紙包緊,放入雪櫃冷藏半小時定型。

6. 雞卷放入烤爐以 70℃慢煮 40-45 分鐘。

7. 放入小部分牛油燒熱,加入乾蔥炒香,加入豆瓣醬及麻辣醬炒勻,
   注入適量水煮滾,加入牛油煮至乳化狀,以少許糖調味,最後灑
   上蔥花成麻辣牛油汁。

8. 取出雞卷,撕開保鮮紙,煎香至外皮金黃香脆,切片。碟內先放
   入麻辣牛油汁,再放上雞卷即成。

- 拿着雞卷兩端上下推動包捲，有助餡料更均勻。
- 用雞髀肉包餡料，肉質比用雞胸肉更嫩滑。
- 麻辣牛油汁是此菜式點睛之作，麻辣味充滿四川風味。

川式創新味
by Jacky

擔 擔 豆 腐

擔 擔 麵 醬

材料

蒜蓉 210 克

乾葱蓉 210 克

洋葱蓉 150 克

蝦米碎 150 克

紅椒粉 30 克

指天椒粉 7 克

胡椒粉 7 克

豆瓣醬 150 克

油約 400 克

做法

1. 鑊內下油 400 克燒熱，先爆香蒜蓉、乾葱蓉及洋葱蓉（因這些材料水分較多），以中慢火炒煮至收水及開始金黃乾身。

2. 下蝦米碎炒至起泡乾身，再加入紅椒粉、指天椒粉、胡椒粉及豆瓣醬炒勻，成為擔擔麵醬，盛起，涼卻後放入玻璃瓶，倒轉待一會。

擔擔豆腐

材 料

免治豬肉或牛肉 200 克
擔擔麵醬 150 克
板豆腐 2 件（約 650 克）
雞湯約 200 克
生粉水適量
炒香花生碎適量
葱花適量

調味料

陳醋約 2 湯匙
幼滑花生醬 60 克（以橄欖油調好）
麻油、花椒油及辣椒油各適量

做 法

1. 鑊內加入適量油燒熱，下肉碎炒散，加入擔擔麵醬將肉碎炒至酥香，下豆腐及雞湯，小心拌勻，煮至豆腐鬆軟，下生粉水埋薄芡，小心倒入盛器內。

2. 在豆腐淋上陳醋、花生醬、麻油、花椒油、辣椒油、炒香花生碎及葱花，即可享用。

小貼士

- 擔擔麵醬建議可一次多做些，放在雪櫃可保存三個月以上，無論做擔擔豆腐、擔擔麵或其他菜式同樣適用。
- 最好選用板豆腐或布包豆腐，因這兩種豆腐質地較「挺」身，不易煮爛；不要選用包裝蒸豆腐，質地太軟且很易煮爛。
- 花椒油及辣椒油的分量，可因應個人愛麻、辣的程度增多或減少。

幸福福食
by Ricky

香煎羊肉椰菜花 Risotto

 材料

羊架 1 件
椰菜花莖 200 克
乾葱 30 克（切粒）
牛油適量

雞湯 200 克
芝士碎 30 克
牛油 30 克（室溫）
鹽適量

做法

1. 羊架起出羊柳，將羊骨及蓋在羊架面的皮切出，灑上鹽煎香，備用。

2. 椰菜花莖用水焓 3 分鐘，切粒，備用。

3. 用牛油炒香乾葱粒，加入椰菜花粒略炒，下雞湯煮 1 分鐘。

4. 加入室溫牛油及芝士碎拌勻，灑入鹽調味，盛起上碟成椰菜花 Risotto。

5. 羊架切片，放在椰菜花 Risotto 上，即可享用。

 **小貼士**

用椰菜花莖炒成 Risotto，要炒得乾身才像意大利飯。

口味大變身

幸福福食
by Jacky

泰仔福食
燒雞

材料

雞 1 隻（約 2.5 斤）

醃料

蠔油 2.5 湯匙

麻油 2 茶匙

鮮醬油 2 茶匙

五香粉 1/2 茶匙

泰國椰糖 2 茶匙

雞粉 1 茶匙

黑胡椒碎 1.5 茶匙（舂碎）

連皮泰國蒜頭 5-8 粒（舂爛）

芫荽頭 3 棵（舂爛）

燒雞伴汁
泰式辣椒碎約 2 茶匙
泰國椰糖 2 茶匙
魚露 1.5 湯匙
青檸汁 1 湯匙
酸子汁 2 茶匙
＊泰式炒米碎 1 茶匙
芫荽、葱、薄荷葉、乾葱頭各少許（切碎）

泰式炒米碎材料
糯米 60 克
檸檬葉 3-4 片（撕去葉中間硬條）
香茅頭 1 支
南薑 10 克

泰式炒米碎做法

將檸檬葉、香茅頭及南薑切碎,與糯米混合,用白鑊以小火烘至啡色焦燶及散出香氣,盛起涼透,舂碎即成。

綜合做法

1. 雞洗淨,開邊,用廚房紙抹乾水分;醃料拌勻,均勻地塗滿雞身內外,用保鮮紙包好,醃一晚。
2. 燒雞伴汁拌勻備用。
3. 預熱焗爐約 185℃,放入雞(皮向上)燒約 40-45 分鐘至雞皮金黃香脆及熟透,取出斬件或手撕,伴燒雞汁享用。

- 燒雞前將雞腿向下拉一下,令雞肉鬆弛些,燒起來較均勻易熟。
- 除了用焗爐烤焗製作之外,還可以炭火燒烤,或將雞斬件醃好後上生粉炸,亦相當好吃。如貪方便,甚至可用全雞翼製作,各有風味。
- 泰式炒米碎是泰國菜常用香料之一,可用於泰式醬汁、泰式生菜包或沙律,倍添風味。

將魚味十足的鮫魚，配上大熱的芫荽及不同品種的辣椒，炮製一道辣到飛起的「另類」魚肉燒賣！

香辣醒胃菜
by Ricky

古惑奇椒
芫荽燒賣

材料
豬肉 100 克
鮫魚 250 克
燒賣皮適量
大地魚乾 1 條
泰國生粉 50 克
冰水 150 克

配料
芫荽 50 克
葱 25 克
青指天椒或湖南辣椒 10-20 隻
（＊分量按個人接受程度加減）

調味料
鹽 5 克
胡椒粉少許
雞粉適量

做法 . . . .

1. 大地魚乾去骨，剪開數段，以 180℃ 油炸約 6 分鐘至脆透，碾碎
   成大地魚粉，取 20 克備用。

2. 鮫魚起魚柳，用匙羹刮出魚肉；肥豬肉切細，備用。

3. 芫荽、葱及辣椒洗淨、切碎，備用。

4. 將冰水、肥豬肉及鮫魚放入攪拌機攪爛，盛起，灑入鹽 5 克不停
   攪拌至起筋，加入適量雞粉及胡椒粉調味，分 3 次加入泰國生粉
   拌勻，最後加入大地魚粉、芫荽、葱及辣椒碎拌勻成燒賣餡（如
   時間充足建議放入雪櫃冷藏 30 分鐘）。

5. 準備燒賣皮，放入餡料包好，用大火蒸 8 分鐘即成。

小貼士

- 大地魚粉是點睛之料，令魚肉鮮味十足。
- 鮫魚肉拌入泰國生粉，肉質更有彈性。
- 鹽有助魚肉起筋成膠狀。
- 如使用攪拌機攪拌魚肉及肥肉，建議加入冰
  水，以免魚肉因機器攪動而受熱。

口味大變身

Jacky 重新演繹宵夜名物——辣酒煮螺，選用北海道品品螺，搭配酒濃香辣的湯汁，成為另一創意版本！

香辣醒胃菜
by Jacky

金不換辣酒煮哈哈螺

材料

- 急凍哈哈螺約 3 斤（1.8 公斤）
- 蒜蓉 60 克
- 乾葱蓉 60 克
- 薑米 100 克
- 新鮮指天椒碎 20 克
- 雞湯 1 公升
- 乾指天椒粉 10 克
- 香葉（月桂葉）10 數片
- 甘草約 6 片
- 日本葛絲適量
- 金不換 5-6 棵（只取葉片）

口味大變身

168

調味料

紹興酒 500 毫升

玫瑰露酒 150 毫升

辣椒油 30 克

桂林辣椒醬 60 克

麻油 60 克

沙嗲醬 70 克

魚露 50 克

生抽 20 克

糖 30 克

做法 . . . .

1. 哈哈螺解凍，在底部用刀背敲去底部尖端（形成小洞更易入味），沖淨備用。

2. 鍋內下水（水量宜蓋過螺），凍水加入哈哈螺，水滾後慢火煮約 30 分鐘，熄火，不要開蓋，待水涼後撈起螺，去掉螺頭上的靨，備用。

3. 燒熱油 4-5 湯匙，爆香蒜蓉、乾葱蓉及薑米，下指天指碎炒至散出香氣，下雞湯、乾指天椒粉、香葉及甘草，以大火煮滾後改中小火煮約 15 分鐘使香料出味（毋須加蓋）。

4. 放入所有調味料，煮滾後續以中小火煮約 5-10 分鐘，讓部分酒精揮發（時間之長短視乎個人喜愛酒味的濃度而定）。

5. 加入哈哈螺，待湯汁煮滾後熄火，待涼後放入雪櫃保存令其入味。

6. 隔日食用時，預先將葛絲浸軟，用滾水煮至透明軟身，放在盛器底部。翻熱哈哈螺連湯汁，最後加入金不換葉拌勻，煮至軟身後盛起享用。

口味大變身

小貼士

- 先將哈哈螺煮 30 分鐘，目的是先將螺煮腍再浸入味，肉質吃起來更嫩滑。哈哈螺一定要凍水加入及以慢火煮，肉質不會變韌，如滾水時放入會令螺肉收縮。

- 此道菜香辣惹味，非常適合伴酒吃，可因應個人喜愛吃辣的程度，增多或減少辣椒香料的分量。

- 除了用哈哈螺之外，還可以花螺、蝦、蟹或花蛤等代替，各具風味；但將蝦、蟹或花蛤煮熟後，應馬上趁熱享用，毋須放過夜讓它入味了。

- 此湯汁非常惹味，變成火鍋湯底也是一個非常好的「煮」意。餘下的湯汁除了配葛絲外，還可配即食麵、粉絲、河粉等麵食，非常「索」味好食。

異地美食神還原
by Ricky

上海街頭爆汁生煎包，是 Ricky 的旅遊美食。
他解構當中的爆汁秘技，懷念旅程上的滋味。

小楊生煎

煎包材料
中筋麵粉 260 克
發粉 3 克
水 130 克
菜油或豬油 15 克

肉餡料
豬絞肉 200 克
薑米 5 克
葱花 10 克

調味料
鹽 4 克
糖 4 克
老抽 4 克
麻油 5 克
紹興酒 10 克
清水 30 克

皮凍料
魚膠片 10 克
雞湯 200 克

灑面料
葱花及黑白芝麻適量

做法 · · · · · · · · · · · · · · · · ·

1. 煎包材料混合，揉搓成光滑麵糰，用布蓋好，醒麵 1 小時。

2. 雞湯加熱，放入魚膠片煮溶，倒入淺盤內冷藏至凝固成皮凍，使用前切碎備用。

3. 將所有調味料及皮凍加入豬絞肉拌勻，加入薑米及葱花混和成餡料，放入雪櫃冷藏半小時。

4. 取出醒好的麵糰，滾成圓條狀，切成 25-30 克粒狀，壓平，放上餡料包成煎包狀，去掉收口多餘的麵糰。

5. 將煎包放入油鑊，摺口向下，以中火煎至金黃（約 2-3 分鐘），加入水至煎包的 1/3 高度，加蓋，煎焗至熟（約 5-6 分鐘），最後灑上葱花及黑白芝麻，再焗 30 秒即成。

小貼士

- 加入皮凍令生煎包形成爆汁效果；用魚膠片及雞湯煮成皮凍，省時方便。
- 建議加入三成肥肉製成餡料，肉質鬆化好吃。

**異地美食神還原
by Jacky**

台風超 Q
杏仁豆腐

材 料
- 南杏 240 克
- 北杏 60 克
- 水 1.5 公升
- 太白粉 300 克
- 糖 60 克

糖 水 材 料
- 水 800 毫升
- 冰糖 100 克

配 料
- 帶甜味的水果、杞子及乾果
- 燕窩、杏仁露、芝麻糊、合桃露

口味大變身

做法 ∙∙∙∙∙∙∙∙∙∙∙∙∙∙∙∙∙∙∙∙∙∙∙∙∙∙∙∙∙∙∙∙∙∙

1. 水及冰糖混合，煮溶冰糖，涼卻後放入雪櫃冷藏備用。

2. 南杏及北杏混和，洗淨，瀝乾水分。放入攪拌機加水打至幼滑，
   用湯袋或豆漿袋隔渣成杏仁汁，備用。

3. 杏仁汁倒入攪拌機，加入太白粉及糖打勻成杏仁粉漿。易潔鑊冷
   凍時倒入粉漿，用慢火邊煮邊不停攪拌，煮至杏仁粉漿濃稠、帶
   有筋性及杏仁粉漿全熟成杏仁豆腐（像糯米糍效果）至不黏鍋狀
   態（約 30 分鐘）。

4. 杏仁豆腐倒入平底容器，趁熱仍鬆軟時略為推平，蓋上保鮮紙（保
   鮮紙貼着杏仁豆腐），再用手輕輕推壓至約 1 厘米厚，待涼後
   放入雪櫃冷藏一晚定型。

5. 享用時，將杏仁豆腐切成適當大小，配以冰糖水及各款配料。

- 切杏仁豆腐時，刀及砧板一定要濕水，否則黏着很難切。切好的杏仁豆腐未食用前，先放在凍水內，以免黏在一起。

- 煮杏仁粉漿時必須用慢火煮（如電磁爐約 4 度火），否則粉漿容易出現顆粒狀，影響口感。

- 一定要冷鍋下杏仁粉漿，邊煮邊不停攪動，讓粉漿慢慢煮成濃稠的軟糕狀。如太大火的話，粉漿會一下子變熟，很快地凝固成糰，難以推軟。

- 當粉漿煮至半凝固開始變熟成糕狀時，可將火力微微調高至 6 度，並持續不斷攪動，直至粉糰帶韌性及成軟糕狀，並不黏鍋邊即可。

神級
輕鬆煮

Ricky 及 Jacky 兩位攪笑煮食拍檔，
一中一西，每道菜都是心機之作。
無論鮮蠔、海鮮、燒味，甚至米芝蓮菜式，
反覆試驗再改良，變身成為星級菜，
給食客味覺的幸福！

師傅教落 by Ricky

法式洋葱湯

材料（2 人分量）

牛油 50 克
洋葱 500 克（切絲）
麵粉 5 克
白酒 100 克
雞湯 500 克
百里香 5 克
法包多士數片
瑞士格魯耶爾芝士碎（Gruyere）50 克

調味料

鹽 5 克
糖 5 克

做法 •

1. 小鍋內下牛油煮溶，放入洋葱絲、鹽和糖，用中火炒 3 分鐘，蓋上鍋蓋，轉用小火將洋葱煮至完全軟身（需 15-20 分鐘，期間開蓋攪動以防焦底）。

2. 當洋葱煮至軟身，拿走鍋蓋，轉大火煮至金黃，下白酒拌勻，熄火。

3. 加入麵粉攪拌至完全混和至軟滑糊狀，下雞湯及百里香攪勻，開火，以大火煮滾後轉小火煮 20 分鐘。

4. 將洋葱湯倒入小焗盅內，湯面放上一片法包，灑入 Gruyere 芝士碎，放入 230℃ 焗爐焗至芝士金黃，即成。

- 炒洋蔥的時間不能少於 20 分鐘，洋蔥炒透才能釋放香甜味，這個步驟絕不能偷懶。
- 熄火才加入麵粉，以免起顆粒狀。

師傅教落
by Jacky

正宗老成都
口水雞

口水雞材料

新鮮雞髀 3 隻

＊口水雞汁底約 100 克

麻油、花椒油、辣椒油各適量

烘香或炒香花生碎及炒香芝麻各適量

芫荽碎適量

口水雞汁底材料

蒜頭 100 克（拍鬆、去衣）

洋蔥 250 克（切絲）

指天椒 50 克（切圈）

葱 150 克（切段）

芫荽 150 克（切段）

藤椒 100 克

水 600 克

雞湯 1.2 公斤

口水雞汁底調味料

蠔油 50 克

麻辣鮮露 40 克

鹽 5 克

糖 10 克

雞粉 5 克

生抽 30 克

老抽 10 克

口水雞汁底做法 . . . .

1. 鍋內加入油，下蒜頭炒香至金黃色，依次加入洋葱、指天椒炒至
   軟身，放入葱及芫茜炒香至軟身及出味，再下藤椒、水及雞湯，
   以大火煮約 20 分鐘，至所有材料軟爛及湯汁濃稠。
2. 將所有材料壓爛，過濾，取湯汁約 700 克，最後加入調味料拌勻
   成口水雞汁底，備用。

口水雞做法 . . . .

1. 雞髀洗淨，蒸約 10 分鐘至熟，放入冰水浸涼，瀝乾水分。
2. 雞髀用手撕成小塊，放在碟內，依次淋上口水雞汁底、麻油、花
   椒油及辣椒油，最後灑上烘香花生碎、芝麻及芫茜碎，吃時拌勻
   即可。

小貼士

- 這款口水雞汁底是很多涼拌川菜的汁底，只要
  配上不同比例的調味料及材料，可成為各式涼
  拌菜式，非常適用。建議大家可一次多做些放
  在雪櫃保存，慢慢分次享用。
- 口水雞可用全雞製作，亦可加入各類吸味的食
  材伴吃，如粉皮、皮蛋、豆腐、粉麵、青瓜及
  芽菜等，更添風味。

還原米芝蓮
by Ricky

薯鱗魚柳

材料
- 薯仔 1 個
- 黃花魚 1 條
- 麵粉少許
- 牛油清適量
- 鹽 2 克
- 肉汁 15 克

橙香白酒牛油汁
- 牛油 50 克
- 乾葱 50 克
- 白酒 100 克
- 鮮橙汁 50 克
- 忌廉 150 克

1. 薯仔切片，用小圓模切成圓片，下麵粉撈勻，備用。

2. 黃花魚起出魚柳、去骨，撲上麵粉，備用。

3. 烘焙紙剪裁至比魚柳稍大，放上魚柳，將薯仔小圓片逐片貼上，
   裝成魚鱗，淋上牛油清，冷藏 10 分鐘至凝固。

4. 用牛油 20 克慢火炒香乾葱至軟身（免上色），倒入白酒煮開，
   待酒精稍揮發，加入橙汁煮至濃稠，放入忌廉略煮（可按個人喜
   好隔掉乾葱），熄火，加入牛油 30 克煮至溶化，醬汁變得濃稠
   光亮，備用。

5. 取出魚柳，連烘焙紙放入鑊內（薯仔鱗片朝下），以慢火煎至金
   黃香脆（約 6 分鐘），取走烘焙紙，灑上鹽於魚肉上調味，翻轉
   另一面再煎約 2 分鐘至魚熟透。

6. 將橙香白酒牛油汁放於碟內，放上薯鱗魚柳，灑上少許肉汁，即
   可享用。

小貼士

- 此菜式必須選皮薄的魚，如皮厚則需去皮，否則煎魚時魚身捲起，薯仔鱗片會脫落。
- 在傳統上，應隔掉醬汁內的乾葱才使用，但 Ricky 則鍾愛吸滿汁香的乾葱，故刻意保留。
- 煮醬汁時，最後熄火才加入牛油搖溶，否則做不到絲滑乳化的效果。

釀蟹蓋是米芝蓮餐廳的經典菜式，Jacky 改良了食材及味道，還原這份貴氣的海鮮菜。

還原米芝蓮
by Jacky

羊肚菌芝味焗釀蟹蓋

 材料

花蟹 3 隻（約共重 2 斤）

意大利莫札瑞拉芝士碎（Mozzarella）

約 60 克

餡料 A

洋葱 100 克

雞髀菇 100 克

乾羊肚菌 12 克

調味料 A

鹽 2 克

糖 2 克

雞粉 4 克

生粉 20 克

水適量

餡料 B

鮮忌廉 100 克

調味料 B

糖 2 克

鹽 1 克

雞粉 2 克

生粉 5 克

水適量

做法 ●

1. 花蟹洗淨，水滾後以大火隔水蒸約 12 分鐘至熟，涼後拆肉，保留完整蟹蓋，洗淨，抹乾水分，備用。

2. 洋葱及雞髀菇切絲；羊肚菌用約 6 湯匙水浸軟，擠乾水分，一開四，保留浸羊肚菌水，備用。

3. 鑊內燒熱少許油，放入洋葱及雞髀菇炒香，加入羊肚菌、羊肚菌水、蟹肉及調味料 A 炒勻，煮滾後用生粉水埋芡，盛起，釀入蟹蓋內。

4. 鮮忌廉煮滾，加入調味料 B 拌勻，用生粉水埋芡，塗抹在釀好的蟹蓋上，最後均勻地鋪上芝士碎。

5. 放入已預熱 220℃焗爐焗約 15-20 分鐘，至芝士溶化、色澤金黃及表面香脆，即可享用。

小貼士

- 拆蟹肉時盡量不要將肉拆得太散太碎，吃起來的餡料可吃到一梳梳蟹肉的質感。蟹肉也不可混有任何蟹殼，否則就大殺風景了。

- 在餡料塗抹煮好的鮮忌廉，再與芝士融合，焗出來令餡料香軟細滑，色澤更金黃。

- 餡料及忌廉埋芡時，可煮得較濃稠；如太稀的話，菇類容易出水，焗出來的餡料會太濕。若忌廉不夠厚身，焗出來的餡料也較「瀉」身，效果較散。

海鮮新煮意
by Ricky

Ricky 用了法蘭西慕絲的鬆軟質感，加上爽彈的海虎蝦，完美地升級。

法式蒜蓉
開邊大蝦

材料
- 大蝦 5 隻
- 忌廉 100 克
- 小香葱碎 10 克
- 櫻花蝦 20 克
- 青瓜 1 條
- 牛油適量

蒜蓉牛油汁
- 牛油 120 克
- 蒜頭 30 克（切碎）
- 生抽 20 克
- 紹興酒 50 克
- 小香葱碎 10 克

做法

1. 大蝦 2 隻起肉，餘下 3 隻開邊，備用。

2. 製作蝦慕絲：蝦肉 2 隻切碎，放入碎肉機，灑入鹽打成蝦膠，慢慢加入忌廉打成慕絲狀，盛起，拌入小香葱碎。

3. 蝦慕絲放入擠花袋，擠在開邊蝦上，灑上櫻花蝦，以大火蒸 3 分鐘，最後灑上小香葱碎。

4. 製作蒜蓉牛油汁：用牛油 20 克炒香蒜蓉，加入生抽及紹興酒煮滾，轉小火慢慢拌入牛油 100 克，最後加入小香葱碎拌勻。

5. 青瓜刨成薄片，再切成幼絲，用牛油炒香，備用。

6. 大碟上放上蒜蓉牛油汁，青瓜絲放中央，以大蝦圍邊即成。

 **小貼士**

- 煮蒜蓉牛油汁時，最後以牛油令醬汁濃稠，而且香氣四溢。

神級輕鬆煮

以中式慢煮方式烹調，再配上椒麻濃香的煮味湯底，絕對是新奇好煮意之作。

海鮮新煮意 by Jacky

椒麻薑葱
魚湯浸煮石斑

魚湯底材料
- 鯽魚 2 條（約 2 斤）
- 豬筒骨 1 斤
- 花雕酒 20 克
- 薑片 60 克（分兩次用）
- 葱段 60 克（分兩次用）
- 香茅頭 150 克（拍鬆）
- 連根芫茜 120 克
- 熱水 5 公升

醃料
- 鹽及胡椒粉各適量

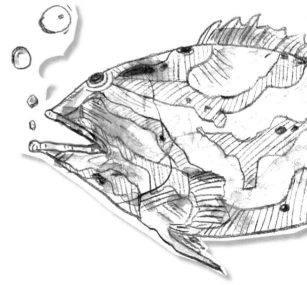

魚湯底做法 . . . .

1. 豬筒骨洗淨，加入花雕酒、1/3 薑片及 1/3 葱段飛水，盛起，略沖洗血污，備用。

2. 鯽魚劏好，去內臟，洗淨，吸乾水分，兩面均勻地灑上適量鹽及胡椒粉塗抹，備用。

3. 鍋內倒入適量油，放入餘下薑片煎出香味，放入鯽魚煎香表面，壓爛魚肉，炒香至金香焦黃及收乾水分，馬上倒入熱水，加入葱段、香茅頭、芫荽及豬筒骨，加蓋，以大火煮滾，再轉中火煮約 2-2.5 小時，過濾湯渣即成魚湯，備用。

浸魚材料
新鮮石斑 1 條（約 2 斤）
薑碎 40 克
蒜蓉 40 克
指天椒碎 10 克
葱花 40 克
韭菜 30 克（切碎）
油 60 克

調味料
鹽 4 克
雞粉 8 克
糖 16 克
蒸魚豉油 40 克
鎮江醋 20 克
蠔油 20 克
花椒油 15-20 克

做法 ●

1. 石斑劏好洗淨，在魚背剹二至三刀，放在鍋內加入蓋過石斑表面的魚湯底，以大火煮至微滾，轉很小的火，讓魚湯呈微微滾的狀態，將石斑浸煮約 12 分鐘（視乎魚的大小而定）。

2. 將餘下材料的薑碎、蒜蓉、指天椒碎、葱花和韭菜拌勻，淋上熱油拌勻，加入調味料拌勻，成為椒麻薑葱醬汁。

3. 石斑魚上碟，淋上適量魚湯，將椒麻薑葱醬均勻地鋪在石斑上，趁熱享用。

 小貼士

- 這是一道浸煮魚的菜式，所以魚湯溫度保持微滾即可，浸出來的魚肉才嫩滑；若水太滾燙，魚肉很易變老。浸魚的時間亦因應魚的大小及厚薄而作出適量調整。
- 除了石斑魚外，也可以用各類鮮魚代替，例如馬友、桂花魚、多寶魚等。
- 餘下的魚湯鮮甜味美，只要加入適量鹽及胡椒粉調味，可作火鍋湯底，或煮各類粉麵、泡飯等，非常好味道。

他化繁為簡，讓大家可輕鬆做到。

Ricky 發現羊肋骨與叉燒醬出奇地搭配，

非凡燒味
by Ricky

叉醬
燒羊肋骨

材料
羊肋骨 600 克

生醬料
叉燒醬 100 克
南乳 30 克
茄汁 40 克
老抽 10 克

上色料
麥芽糖 100 克
生醬 30 克

做法 . . . .

1. 所有生醬材料拌勻，備用。

2. 羊肋骨去掉多餘脂肪，修整後用刀在肋骨間劃一下，面則劃十字紋，以便醬汁更易入味。

3. 將生醬均勻地塗抹羊肋骨兩面，放入雪櫃醃 4 小時或過夜。

4. 取出羊肋骨，放烤架上以 230℃焗 15 分鐘。

5. 上色料拌勻，備用。取出羊肋骨，均勻地塗抹上色料，再放入焗爐以上火 230℃焗 10 分鐘，趁熱享用。

小貼士

- 將生醬塗抹在肋骨的刀痕間隙，醬料更易滲入羊肉。

非凡燒味
by Jacky

零失敗
免焗爐脆腩仔

材料
- 五花腩 1 斤
- 鹽 6 克
- 胡椒粉適量
- 水 1.5 公升

香料
- 香葉 3 片
- 八角 1 粒
- 花椒 3 克

伴醬料
- 黃芥末、糖各適量

做法 . . . .

1. 五花腩洗淨，切成約 1 吋寬度。放入鍋內，加入鹽、胡椒粉、香料及水，以大火煮開，撇去浮沫，煮約 40 分鐘至水分收乾。

2. 取出香料，原鍋煎五花腩，以中低火煎出油分，直至兩邊煎至表面金黃香脆，瀝乾油分，斬件上碟，以黃芥末及糖伴吃。

- 煮五花腩時，水不能太少，時間亦不能太短，以 1 吋寬的腩肉計，最少用 1.5 公升分量的水煮約 40 分鐘，主要是將腩肉煮至軟腍，煎出來的腩仔才軟滑香脆。
- 五花腩不要煎得太乾，否則吃起來口感較粗。

選用意大利墨魚汁與台山鮮蠔來一場黑白對決，愛蠔的你怎能錯過！

蠔食
by Ricky

鮮蠔釀鮮魷

材料

- 鮮蠔 8 隻
- 魷魚 1 隻
- 墨汁墨魚膠 200 克
- 番茄醬適量
- 意大利羅勒葉少許
- 意大利初榨橄欖油適量

做法

1. 魷魚洗淨，去外衣及內臟，取出魷魚筒，汆水 1 分鐘，備用。
2. 鮮蠔洗淨，汆水備用。
3. 魷魚切成 2 厘米厚圈，釀入墨魚膠，放上鮮蠔，以大火蒸 3 分鐘。
4. 碟上隨意放上番茄醬及橄欖油，綴以羅勒葉，最後放上鮮蠔釀鮮魷即成。

小貼士

- 墨魚汁於街市有售，或選用外地入口的墨魚汁。
- 在街市常見台山鮮蠔，蒸後的鮮蠔非常飽滿。

神級輕鬆煮

這道菜是 Jacky 遊日時啟發出來，
肥美的鮮蠔浸漬在刁草香的橄欖油，一試難忘！

香蒜刁草鮮露
欖油鮮蠔漬

材料
- 生蠔 24 隻（約 400 克）
- 小辣椒乾數隻或適量
- 香葉 4-5 片
- 蒜頭 3-4 瓣
- 新鮮刁草 30 克
- 橄欖油約 250 毫升（可蓋過全部生蠔）

調味料
- 日本清酒 3 湯匙
- 味醂 2 湯匙
- 鮮醬油 2 湯匙
- 糖 1.5 湯匙

做 法 ....

1. 小辣椒乾及香葉抹淨；蒜頭切片；刁草略切；調味料拌勻；蠔肉起出，備用。

2. 生蠔放入易潔鑊以中火乾煮，此時生蠔出水，輕輕翻動生蠔煮至水分收乾，生蠔質地變得略結實，加入調味料炒勻，繼續煮至醬汁收乾，熄火，盛起待涼備用。

3. 預備玻璃容器，放入涼透的蠔，均勻地放入乾辣椒、香葉、蒜片及刁草，最後倒入橄欖油，放入雪櫃泡醃一晚，即可食用。

小貼士

- 每次買回來的生蠔大小不一，因此生蠔與橄欖油的分量比例，以可浸過煮熟的蠔為準。
- 製作此菜一定要買新鮮生蠔，否則煮出來帶有腥味。

著者
Jacky Yu、Ricky Cheung

責任編輯
簡詠怡

裝幀設計
羅美齡

人物造型攝影
Imagine Union

食譜相片版權
好好製作

食譜及插圖攝影
Jacky Yu

插畫
Jacky Yu、Ricky Cheung

出版者
萬里機構出版有限公司
香港北角英皇道 499 號北角工業大廈 20 樓
電話：2564 7511　　傳真：2565 5539
電郵：info@wanlibk.com
網址：http://www.wanlibk.com
　　　http://www.facebook.com/wanlibk

發行者
香港聯合書刊物流有限公司
香港荃灣德士古道 220-248 號荃灣工業中心 16 樓
電話：2150 2100　　傳真：2407 3062
電郵：info@suplogistics.com.hk
網址：http://www.suplogistics.com.hk

承印者
中華商務彩色印刷有限公司
香港新界大埔汀麗路 36 號

出版日期
二○二三年二月第一次印刷

規格
16 開（240 mm × 170 mm）

鳴謝
好好製作